우주창조 신비로움

이주형 김용희 공저

루아

허미와친구들

양자 역학과 상대성 이론의 아름다운 동거

신학의 관점에서 본 양자 역학과 상대성 이론

이 책의 제목에서 언급한(양자 역학과 상대성 이론) 두 이론이 서로에게 아름다운 보완이 되며 동일한 관점에서 본 이론이 될 수 있는지에 대하여 수학자나 물리학자와 같은 과학자들이 아닌 일반인들이 쉽게 이해할 수 있는 설명으로 정리해 놓았습니다.

따라서 이 책을 관심 있게 읽은 독자들은 스스로 우주의 시작과 끝 및 우주 밖의 상황과 신에 대한 과학적 증거들을 쉽게 발견할 수 있을 것으로 생각합니다.

마지막으로 이 책은 신학의 새로운 해석 장르인 "신학 공학"의 시초가 되길 소망해 봅니다.

시간은 과거, 현재, 미래가 동시에 존재하며, 시간은 정지해 있다는 매우 역설적인 말이지만 현대 물리학이 밝혀낸 시간에 대한 정리이기도 합니다.

만일 신이 과거와 현재와 미래를 모두 알고 있다면 온 우주는 이미 모두 동시에 존재하는 것입니다.

양자 역학은 현대 물리학사에서 기본적인 부분이며, 양자 화학과 함께 걸어온 양자 역학의 역사는 몇 가지 과학적 발견들과 더불어 시작되었습니다.

양자 역학은 1838년 마이클 패러데이가 음극선을 발견하고, 1859-1860년 겨울 구스타프 키르히호프가 흑체 복사 문제를 언급하였으며, 1877년 루트비히 볼츠만은 물리계의 에너지 준위가 이산적(따로 떨어져 있다)이라는 제안을 하였고,

목 차

제1장

· · · · · · · · · · · · · · · · ·

불확정성의 원리와 신

하이젠베르크의 불확정성의 원리와 신에 대한 이해

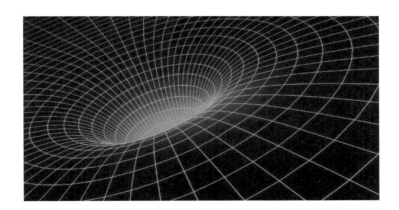

이렇게 디지털로 신호를 변환하여 처리하면 컴퓨터가 쉽게 계산 처리 가능한 영역의 크기로 데이터가 줄어들게 될 뿐 아니라 사용자도 원음이라고 착각하게 됩니다.

음원 처리에 관해서는 샘플링을 많이 하면 원음에 가까운 풍부한 소리와 비슷하고, 적게 처리하면 원음에 가깝지만 무언가 풍부하지 않은 소리가 납니다.

사람의 가청 주파수는 약 20Khz이며, 이것은 1초에 2만 번 진동하는 소리를 들을 수 있는 것으로 그 이상을 샘플링 하면 사람은 연속된 소리로 인식합니다.

마치 우리 눈이 1초에 24장의 필름을 연속적으로 돌리게 되면 자연스럽게 연결된 영화관의 동영상으로 인식하지만 사실은 착시효과인 것처럼 말입니다.

1. 물리학적 시간의 개념

시간이라는 주제는 오래전부터 많은 종교인들이 고민하던 문제이기도 합니다.

우리가 이 주제를 다루기 전에 한 가지 스스로에게 질문해 보기 바랍니다.

"신은 미래를 알까?"

이 설정은 매우 재미있는 설정이 될 것이며 이 질문은 우리가 미래에 대한 확실한 정답을 알 수 있는 해법의 단서가 될 것입니다.

신이 미래를 안다면 "미래는 이미 정해져 있다."라고 아인슈타인이 이야기하는 답으로 정리될 것이고, 만일 신이 미래를 알 수 없다고 한다면 "신은 존재할 수는 있지만 더 이상 기독교에서 이야기하는 신은 아니다."라고 정의 되어집니다.

세상에 완벽한 프로그램은 없기 때문에 프로그래머가 충분히 예측 가능한 다양한 오류를 고려해 해법을 준비하고 Debugging[5]을 완벽하게 함으로 문제의 발생을 끊임없이 수정해서 최종 완성된 프로그램으로 만들어가야 합니다.

결괏값에 대해서는 프로그래머가 계획한 결과를 산출해 낼 뿐만 아니라 지속적인 보안을 통해 완벽에 가까운 일을 수행할 수 있도록 작업을 하는 것이 일반적인 컴퓨터 프로그래밍[6]입니다.

---

5) 디버깅 또는 디버그는 컴퓨터 프로그램 개발 단계 중에 발생하는 시스템의 논리적인 오류나 비정상적 연산을 찾아내고 그 원인을 밝히고 수정하는 작업 과정을 뜻한다. 일반적으로 디버깅을 하는 방법으로 테스트 상의 체크, 기계를 사용하는 테스트, 실제 데이터를 사용해 테스트하는 법이 있다.

신이 있다면, 그리고 그가 미래를 안다면 최소한 이런 프로세서로 진행될 것입니다.

하지만 신은 완벽해서 우주를 수정하지 않을 것이며, 결론적으로 모든 우주의 처음과 끝은 이미 정해져 있고 시간은 설계된 대로 흘러가게 된다는 것, 이것이 운명이든 예정이든 아니면 윤회의 사슬이든 신이 있다면 그럴 수밖에 없습니다.

그러나 신이 미래를 모른다면, 그리고 그 미래가 확정되지 않은 상태로 시간이 흘러간다면 엔트로피7)의 법칙에 따라 우주는 점점 무질서하게 될 것입니다.

그러나 우주의 여러 가지 법칙들은 매우 정교하고 대칭적으로 질서를 갖고 있다는 것이 과학자들의 일관적인 정설입니다.

예를 들어, 빛은 왜 꼭 1초에 300,000Km(실제는 $2.907925 \times 108m/sec$)만 가는 것인가?

더 빠르지도 않고 늦지도 않고 왜 꼭 이 속도로 진행되고 있을까?

이 부분의 주제는 수많은 과학자들을 매우 난처하게 하는

---

6) 컴퓨터 프로그래밍(영어: computer programming) 또는 간단히 프로그래밍(programming, 문화어: 프로그램 작성) 혹은 코딩(coding)은 하나 이상의 관련된 추상 알고리즘을 특정한 프로그래밍 언어를 이용해 구체적인 컴퓨터 프로그램으로 구현하는 기술을 말한다. 프로그래밍은 기법, 과학, 수학, 공학, 심리학적 속성들을 가지고 있다.
7) 물리학에서 열역학 제2법칙(second law of thermodynamics)은 열적으로 고립된 계에서 매 시각마다 계의 거시상태의 엔트로피를 고려하였을 때, 엔트로피가 더 작은 거시상태로는 진행하지 않는다는 법칙이다. 이 법칙을 통해 자연적인 과정의 비가역성과 미래와 과거 사이의 비대칭성을 설명한다. 하지만 엔트로피가 감소된 거시상태가 될 확률은 극히 낮을 뿐 불가능은 아니다. 자발적 엔트로피 감소.

고정된 값이 되어버렸습니다.

아인슈타인은 신의 창조 여부에 상관없이 넘을 수 없는 물리학적 궁극의 요소인 광속도 불변의 법칙[8]에 대해 이야기합니다.

$$m_0c^2=(10^{-3}\ kg)(3\times10^8\ m/s)^2$$
$$=(10^{-3})(9\times10^{16})$$
$$=9\times10^{13}\ J$$
$$=(9\times10^{13}\ J)\times\frac{1\ Wh}{3600\ J}\times\frac{1\ kWh}{1000\ Wh}$$
$$=2.5\times10^7\ kWh$$

그림5 특수 상대성 이론 공식 E=의 간단한 정리

우주의 작은 에너지인 1g의 물질에 포함한 에너지는 25,000,000Kwh의 에너지를 갖고 있다는 의미이며 전기세로 환산하면 캘리포니아 오렌지카운티 기준(2021년 현재 1Kwh당 36센트) $9,000,000의 에너지입니다.

우리가 살고 있는 지구의 모든 물질은 단 1g이라 하더라도 엄청난 에너지가 숨겨져 있습니다.

그 이유는 C라는 빛의 속도를 말하며 '에너지는 무게 X 빛의 제곱이다'라는 공식입니다.

불변하는 값 C는 물리학의 정설로 사용되며 이 이론을 근

---

8) 우주선이 빛의 반대 방향으로 날아가도 **빛의** 속도에는 변함이 없다. 어떤 경우에도 빛의 속도는 초속 30만 km가 된다. 이것이 **광속 불변의 법칙**이다. 이것은 실험으로도 증명되었는데, 19세기 후반 미국**의** 물리학자 알버트 마이컬슨과 에드워드 몰리가 한 실험이 있다.

거로 핵무기와 단 한 번 연료를 공급받으면 수십 년을 쓸 수 있는 원자력 발전소, 핵 추진 항공모함, 핵잠수함, 40년 이상 우주로 날아가고 있는 보이저9) 우주선, 화성 탐사선 큐리오시티10)등 수많은 곳에서 사용하고 있습니다.

아인슈타인은 시간이란 하나의 사건으로 보고 우리가 살고 있는 이곳을 3차원이란 공간에 시간이 더해진 3차원 시공간의 영역이라고 증명했습니다.

아인슈타인은 빅뱅11) 이후 빛의 속도는 끊임없이 팽창하고

---

9) 보이저 1호(영어: Voyager 1)는 현재까지 운용중인 NASA가 제작한 무게 722 kg의 태양계 무인 탐사선이다. 보이저 계획에 따라 1977년 9월 5일에 발사됐으며, 1979년 3월 5일에 목성을, 그리고 1980년 11월 12일에 토성을 지나가면서 이 행성들과 그 위성들에 관한 많은 자료와 사진을 전송했다. 1989년 본래 임무를 마친 뒤에는 새로이 보이저 성간 임무(Voyager Interstellar Mission)를 수행하고 있다.

10) 큐리오시티 혹은 큐리오시티 로버는 NASA의 화성 과학 실험실 (MSL) 계획의 일부로, 게일 분화구와 그 일대를 탐사하는 자동차 크기만한 로버이다.

큐리오시티 로버는 2011년 11월 26일에 케이프커내버럴 공군기지에서 화성 과학 실험실 선체에 실려 발사되었고, 2012년 8월 6일에 화성의 게일 분화구 내부의 아이올리스 평원에 착륙하였다. 큐리오시티 로버는 5억 6천 3백만km라는 엄청난 거리의 여정임에도 불구하고, 브래드버리 착륙지점[6]에서 불과 2.4km 거리의 지점에 착륙하였다. 큐리오시티 로버의 목표는 화성의 기후와 지질조사(선택된 위치인 게일 분화구가 지금까지 미생물에 유리한 환경 조건을 제공했는지 여부를 평가함)를 포함하여 물의 역할에 대한 조사와 미래의 인간의 탐험에 대비한 행성의 생명체 연구이다.

11) 대폭발(大爆發, 영어: Big Bang) 빅뱅은 천문학 또는 물리학에서, 우주의 처음을 설명하는 우주론 모형으로, 매우 높은 에너지를 가진 작은 물질과 공간이 약 137억 년 전의 거대한 폭발을 통해 우주가 되었다고 보는 이론이다. 이 이론에 따르면, 폭발에 앞서, 오늘날 우주에 존재하는 모든 물질과 에너지는 작은 점에 갇혀 있었다. 우주 시간 0초의 폭발 순간에 그 작은 점으로부터 물질과 에너지가 폭발하여 서로에게서 멀어지기 시작했다. 이 물질과 에너지가 은하계와 은하계 내부의 천체들을 형성하게 되었다. 이 이론은 우주가 팽창하고 있다는 에드윈 허블의 관측을 근거로 하고 있다. 또한 그는 은하의 이동 속도가

있어 우리가 살고 있는 이곳에서는 빛의 속도에 가까이 갈 수는 있지만 절대 빛보다 빠를 수 없다고 그의 이론에서 C (빛의 속도)를 불변의 함수로 정의합니다.

우주의 팽창 속도가 빛의 속도이고 물질인 우리는 그 속도를 넘을 수 없다는 것입니다.

속도에 대한 정의는 그림 7의 빅뱅의 속도인 빛의 속도이고 X축은 우리가 살고 있는 세상의 시간이며 시간의 이동 속도입니다.

아인슈타인은 정지된 물질의 움직임은 공간 방향의 변화이며 빛의 속도로 이동한다고 합니다.

그렇다면 빛의 속도 C는 어떻게 해서 불변의 값으로 정해져 있을까요?

아니면 우연히 그렇게 정해져 있는 것일까요? 정해져 있다면 누가 정해 놨을까요?

이 외에도 대다수의 물리학자들은 수정 불가능하게 정해진 수많은 우주의 법칙들을 발견하고 있으며, 발견할 때마다 필즈상12)이나 노벨상을 받기도 합니다.

그림 7에서 아인슈타인은 시간의 흐름은 잘라진 한 조각의 식빵처럼(Like a piece of bread) 하나씩 빛의 속도로 이동하는 것으로 정의하고 있습니다.

지구와의 거리에 비례한다는 사실도 알아냈다. 이는 은하가 지구에서 멀리 떨어져 있을수록 빠르게 멀어지고 있음을 의미한다. 정상우주론을 제외하면 아직 거의 유일한 과학적 우주 탄생 이론이다.

12) 필즈상(영어: Fields Medal) 또는 필즈 메달은 국제 수학 연맹(IMU)이 4년마다 개최하는 세계 수학자 대회(ICM)에서 수상 당시 40세 미만의 수학자들에게 수여하는 상이다. 2명 이상 4명 이하에게 수여되며 필즈상 수상은 수학자들에게 가장 큰 영예로 여겨진다.

우리는 시간을 연속적으로 인식하고 있지만 미시 세계에서는 시간도 양자화된 디지털적인 샘플링된 최소 단위의 한 조각씩 미래라고 정의한 곳으로 이동합니다.

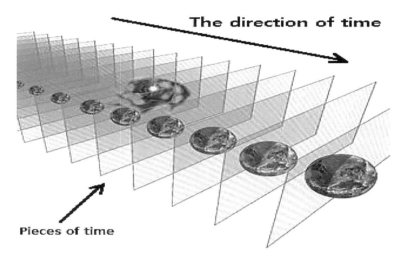

그림 6 아인슈타인이 정의한 시간의 조각에 대한 이해

2. 물질은 시간의 진행에 따라 무질서로 변하게 된다.

열역학 제2법칙[13]에서 엔트로피의 특성상 무질서로 진행을 해야 하는데, 질서는 전혀 파괴되지 않고 정확한 대칭성을 지속적으로 유지합니다.

물리학자들은 정연한 법칙들이 왜 계속 유지되는지 이 부분을 고민하며 연구하고 있습니다.

---

13) 물리학에서 열역학 제2법칙(second law of thermodynamics)은 열적으로 고립된 계에서 매 시각마다 계의 거시상태의 엔트로피를 고려하였을 때, 엔트로피가 더 작은 거시상태로는 진행하지 않는다는 법칙이다.

연속적인 선상에서 도로를 통해 이동해야 합니다.

아인슈타인의 특수 상대성 이론에서 정의하는 시간은 그림 7과 같이 하나의 조각(Pieces) 조각을 이동하는 것으로 보고 있습니다.

물론 조각과 조각의 사이는 우리의 계산으로 0에 가까운 거리지만 우주의 시간으로 볼 때는 분명 연결된 것처럼 보이는 조각들입니다.

아인슈타인의 거시 세계의 시간은 시간의 조각 이동과 양자 역학의 미시 세계에서 말하는 양자의 도약은 매우 유사합니다.

물론 수식으로 통합하기에는 현재의 물리학적, 수학적인 통합은 할 수 없지만 언젠가 분명 통합될 수 있으리라 봅니다.

1. 양자의 도약과 시간의 조각

양자의 도약이란 그림 9에서 잘 설명하고 있으며, 이 그림은 보어의 원자[17] 모델입니다.

---

17) 원자물리학에서 보어 모형은 원자의 구조를 마치 태양계처럼 양전하를 띤 조그만 원자핵 주위를 전자들이 원형 궤도를 따라 돌고 있는 것으로 묘사하는 원자 모형이다. 태양계에서 태양이 중력으로 행성들을 끌어당기듯이, 보어 모형의 원자핵은 전자기력으로 전자들을 끌어당긴다. 이는 과거의 건포도 푸딩 모형(1904년)이나 토성 모형(1904년) 및 러더퍼드 모형(1911년)보다 발전한 것이었다. 보어 모형은 러더퍼드 모형을 양자 역학에 근거하여 수정한 것이므로, 많은 책에서 이 둘을 합쳐서 러더퍼드-보어 모형이라고 부르기도 한다.

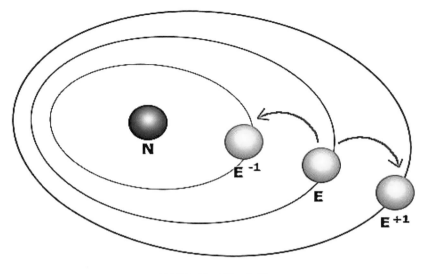

그림8 양자의 도약

　원자론을 설명하지만 너무 방대하고 규모가 크기 때문에 이곳에서는 매우 간단한 모델을 통해 독자의 이해를 돕고자 합니다.

　그림 9는 N인 핵에서, E로 증가할 때 전자는 반드시, E사이를 연속적으로 지나야 하지만 실재 관측해보면 도약(Jumping) 합니다.

　전자는 기존 거시 세계의 과학 범위에서 예측하는 연속성 갖고 이동하는 것이 아니며, 이는 그림 10을 보면 더 상세히 이해할 수 있습니다.

그림 12 양자 컴퓨터의 구조 사진

　많은 과학자들은 우주의 시작은 빅뱅에서 출발된다고 하며 정설이라고 주장합니다.

　그러나 이 책에서는 조금 역설적인 우주의 시작을 말하고 있습니다.

　공간의 어느 한 점 또는 어느 공간에 '시간이라는 중요한 사건의 시작 점이 우리가 보는 모든 우주의 시작이었다.' 이 말을 공감할 수도, 공감하지 않을 수도 있지만 아인슈타인이 이야기하는 시공간의 정의는 어느 하나라도 존재하지 않으면 우리는 있을 수 없다는 것입니다.

　그림 13에서 0차원의 점도, 1차원의 선도, 2차원의 면도, 3차원의 공간도 시간이 그곳에 존재하면 모든 차원이 가능한

상태가 됩니다.

차원의 가장 중요한 요소는 바로 시간이 되는 것입니다.

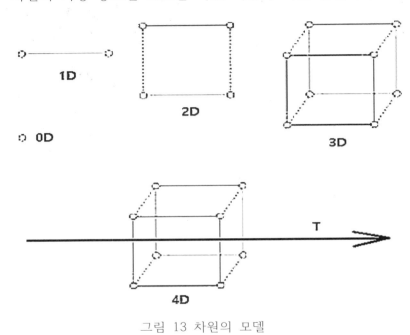

그림 13 차원의 모델

우주의 시작이 시간이라는 요소에서 탄생하였고, 그 태곳적 처음 시간이 스스로 생겨난 것인지 아니면 신이 부여해 주었는지 알 수는 없습니다.

하지만 이는 여러 법칙과 시간의 진행에 대한 방향성, 우주, 은하, 별, 해와 달, 지구, 사람, 동물, 식물이 발현하고 출발되었다면, 신이 창조했을 것이라는 믿음과 우연히 만들어졌다는 믿음 중에 어떤 것이 더 큰 믿음일지 지혜로운 선택에 맡깁니다.

그것은 신이 있다는 전자이거나, 우연히 생성되었다는 무신

론적 관점에서든 모든 과학은 주관적일 수밖에 없으며 둘 다 확률적인 믿음이 필요합니다.

제4장

. . . .

플랑크 길이[19] 와 데이터 최적화

우주가 컴퓨터와 같은 데이터 처리를 하는
거대한 시스템과 매우 유사하다.

---

19) 플랑크 길이는 플랑크 단위로 알려진 기본 단위 중 하나로,
우리가 보통 알고 있는 공간이 더 이상 존재하지 않게 되는
크기를 말한다.

대략적으로 말하자면, 플랑크 길이는 플랑크 질량을 갖는
블랙홀의 슈바르츠실트 반지름과 비슷하다.

수많은 과학자들을 포함해서 종교인, 철학자, 일반인들조차도 하늘의 아름다운 별들과 성단들, 은하수를 보며 '우주 그리고 그 너머 무엇이 있을까?' 많은 생각을 해 봤겠지만, 누구도 완벽하고 정확하게 정의하거나 결론을 내리지 못했습니다.

대부분의 종교의 시작과 철학, 문학, 과학에 영감을 부여해 준 것이 하늘의 아름다운 별이 있는 은하와 우주일 것입니다.

이 책에서도 우주에 대해 정확하게 표현할 수 없지만 몇 가지 정리를 통해 우주에 대한 이해를 공유하고자 합니다.

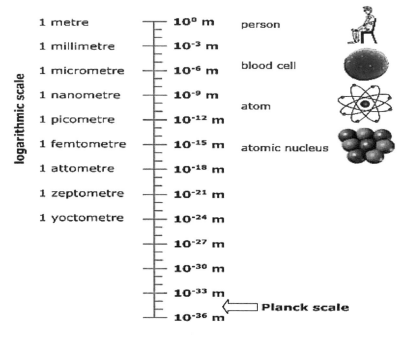

그림 14 프랑크 길이

그림 14는 플랑크 길이(Planck Scale)에 대한 그림이고, 우주의 최소 길이 단위에 대한 설명이며, 그 길이는 대략 $1.616\ 199 \times 10^{-35}$ m 정도의 크기입니다.

예를 들어 원자의 크기를 약 10^{-10}m의 크기로 볼 때 $1.616\ 199 \times 10^{-25}$ 정도 작습니다.

우리가 속한 은하의 지름은 대략 10^{23}m의 거리를 가지고 있습니다.

비교하면 원자와 플랑크 거리의 차이는 우리 은하와 0.1mm 정도의 크기로 비교할 수 있습니다.

물리학에선 플랑크 길이보다 더 작게 나눌 수는 없습니다.

컴퓨터 모니터에서 최소 단위인 픽셀[20]을 더 이상 나눌 수 없는 것처럼 우주에서도 더 나눌 수 없는 최소 길이라는 뜻입니다.

픽셀의 최소 단위는 빨간색, 파란색, 녹색으로 구성되어 있고 각 픽셀은 빛의 세기에 따라 무한에 가까운 색을 표현해 낼 수 있는데 우주도 플랑크 길이에 존재하는 최소 단위의 다양한 양자들로 무한대 표현을 할 수 있습니다.

그 다양성은 감히 인간이 도전하고 계산할 수 있는 범위의 것이 아니기 때문에 그 현상들을 물리학에서는 특이한 현상이

---

20) Picture Element의 준말. 본말을 한자로 옮겨 화소(畵素)라고도 한다. 이 점 하나에 해당 색의 정보(빨간색, 녹색, 파란색, 투명도 등)가 담겨져 있으며, 이는 곧 그림의 용량과 직결된다. BMP, GIF, JPEG, PNG가 픽셀을 사용하는 대표적인 포맷으로, 이를 '비트맵 이미지'라고 한다. 연속적인 값으로 그림을 그리는 벡터 이미지와는 대비된다.

라고 합니다.

 이것은 물리 법칙대로 움직이지 않고 예측 불가능하게 움직
인다고 해서 불확정성의 원리라고 말하지만, 인류가 신의 영
역 기술에 이르게 되면 이 또한 "정교한 법칙이었다."라고 말
할 날이 오지 않을까 예측해 봅니다.

 디지털 기술의 발달은 사람들의 삶에 많은 변화를 가져다
주었습니다.

 이중 화상을 통신하여 서로 얼굴을 보며 통화를 하는 일들
은 아주 흔한 일상이 되어버렸지만 불과 30년 전만 하더라도
개인들이 얼굴을 보며 통화하는 것은 거의 불가능했습니다.

 화상 통신을 할 때는 많은 데이터를 전송하고 복원해야 하
는 디지털 장비와 전송 회선에 많은 부화가 걸리게 됩니다.

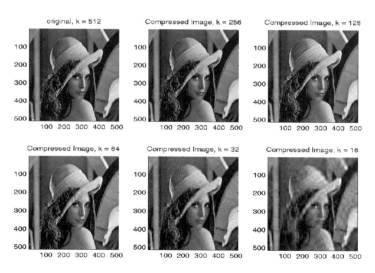

그림 15 화상의 압축

그림 15는 모자를 쓴 여자라고 인지하는데 K=16이나 K=512 모두 가능하지만 화상 압축의 정도에 따라 해상도는 달라지며 컴퓨터의 프로세서의 데이터 처리에 대한 부담은 첫 번째 사진인 512Kbyte보다 16Kbyte가 인터넷 통신에 32배의 부담을 덜어줍니다.

해상도가 중요한 인지 영역이 아닌 경우 통신의 데이터를 최소화해서 전송하는 기술들이 많이 발달되어 있고, 우리가 많이 사용하는 화상 통신 프로그램들에서 저 해상도로 화상을 전송해서 송신과 수신 및 컴퓨터의 처리를 최소화시켜 데이터 통신의 효율을 극대화하는 기법에 많이 사용됩니다.

이것은 같은 회선의 경우 화상 통신이 32명을 더 처리할 수 있고 수익도 32배의 수익률을 발생시킬 수 있습니다.

이것이 물리학(기초 과학)의 영역과 공학의 영역에 대한 설명이 될 수 있습니다.

기초 과학은 당장 수익을 창출하지 않아도 되지만, 공학은 즉시 수익이 되는 것이 중심으로 진행한다는 얘기이기도 합니다.

공학자들은 적은 데이터로 사용자의 경제적인 수익을 얻게 하려고 노력하기도 합니다.

그리고 이런 압축의 기술들은 인코딩(encoding)[21]과 디코딩(decoding)[22] 그리고 데이터 처리와 통신에 획기적인 기술

---

21) 인코딩은 사용자가 입력한 문자나 기호들을 컴퓨터가 이용할 수 있는 신호로 만드는 것을 말한다
22) 복호화 또는 디코딩은 부호화된 정보를 부호화되기 전으로 되돌리는 처리 혹은 그 처리 방식을 말한다. 보통은 부호화의 절차를 역으로 수행하면 복호화가 된다. 암호화의 반대말로서의 복호화는 decryption이라고 부른다.

들로 사용되고 있습니다.

적은 데이터로 최대한 자연스럽게 처리해 주는 것이 화상 통신 기술의 꽃입니다.

예를 들어 통화하며 움직이는 눈, 입, 손이나 얼굴 피부 등의 변화가 있는 곳만 전송하고 나머지 부분은 이미 확정된 메모리에서 불러내어 사용하는 기법입니다.

컴퓨터의 데이터 통신이나 정보처리는 거의 모두 이렇게 운영되지만 사용자들은 항상 새로운 데이터를 처리하는 줄 착각하게 됩니다.

참고로 처음 인터넷 사이트를 열게 되면 시간이 많이 소요됩니다.

그 이유는 대부분 중요한 데이터들을 메모리 영역에 저장하기 때문에 시간이 걸리게 되는 것입니다.

이것을 우리는 쿠키[23]라고 합니다.

그리고 두 번째로 동일한 웹사이트를 열 경우 더 빨리 인터넷의 정보가 열리는 것을 볼 수 있습니다.

동일한 웹사이트에 들어가는 경우 처음 저장했던 데이터와 비교해서 새로운 데이터인 경우만 전송을 받고 같은 데이터일 경우에는 저장해 놓은 메모리에서 불러 표시하기 때문에 인터넷의 속도가 느려도 사용자는 느린 속도에 거부감 없이 인터넷을 즐길 수 있는 것입니다.

---

23) 쿠키란 하이퍼 텍스트의 기록서의 일종으로서 인터넷 사용자가 어떠한 웹사이트를 방문할 경우 그 사이트가 사용하고 있는 서버를 통해 인터넷 사용자의 컴퓨터에 설치되는 작은 기록 정보 파일을 일컫는다. HTTP 쿠키, 웹 쿠키, 브라우저 쿠키라고도 한다.

화상의 압축은 이런 기법들의 종합입니다.

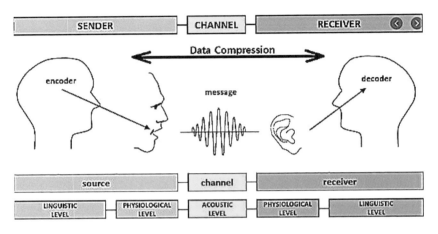

그림 16 인코딩(Encoding)과 디코딩(Decoding)의 블록도

그런데 우주도 이와 비슷하게 어느 정도 최소 단위 이하의 미시 세계는 많은 부분 처리하지 않을 뿐 아니라 법칙의 룰을 적용하지 않기 때문에 양자의 불연속적인 상태가 되는 것입니다.

우주의 특성이 목적을 갖고 설계된 컴퓨터 시스템 및 프로그램과 매우 유사한 점입니다.

우연히 만들어진 우주는 설명하기 힘든 부분들이 너무나 많이 존재하며, 그림 17도 설명에 대한 좋은 예이며, 앞으로도 과학자들이 풀어가야 할 중요한 과제입니다.

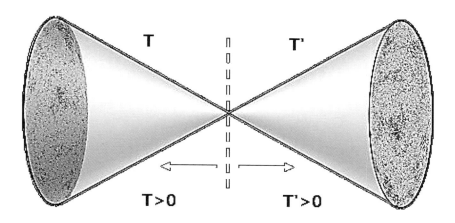

그림 17 우주의 대칭성

불확정성의 원리라면 대칭성은 존재하기 어렵지만 대부분 우주에서는 이러한 대칭성이 존재합니다.

우주의 다양한 법칙들의 처리에 대한 이해도 과학자들이 앞으로 풀어 가야 할 난제이지만, 분명한 것은 우주는 동일한 환경과 조건에서 대칭적인 처리를 하고 있다는 것입니다.

이것은 거시 세계와 미시 세계의 불연속적 물리법칙에 의해 확률적으로 우연히 생겨난 우주라고 하기보다는, 우주가 만들어졌다는 관점도 고려해 볼 수 있습니다.

제5장

·················

초전도 현상[24]과 우주의 특성

초전도 현상은 다양하고 특정한 환경에서 일어나는
우주 구조의 중요한 단서

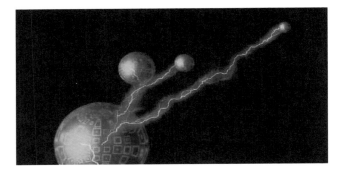

---

24) 초전도 현상(超傳導現象, 영어: superconductivity)은 어떤
물질이 전기 저항이 0이 되고 내부 자기장을 밀쳐내는 등의
성질을 보이는 현상으로, 대체로 그 물질의 온도가 영하 240℃
이하로 매우 낮거나 구리나 은과 같은 도체의 경우에는,
불순물이나 다른 결함으로 인해 저항이 어느 값 이상으로
감소하지 않는 한계가 있다. 절대 영도 근처에서도 실제 구리
시료의 저항은 0이 아닌 값을 가지게 된다. 반면 초 전도체의
저항은 온도가 "임계 온도" 값보다 아래로 내려가면 갑자기 0으로
떨어진다. 초전도 전선으로 된 고리를 흐르는 전류는 전원 공급
없이도 계속 흐를 수 있다. 강자성이나 원자 스펙트럼 준위처럼,
초전도는 양자 역학적인 현상이다. 초전도는 단순히 고전 물리의
이상적인 "완전 도체"(perfect conductor) 개념으로는 설명될 수
없는 현상이다.

초전도 현상은 인류가 미래의 기술을 열어 가는 데 매우 중요한 현상이며, 이 현상을 잘 활용하면 우리는 획기적인 에너지 절약과 데이터 통신, 컴퓨터의 무한한 성능 확장을 구현할 수 있습니다.

예를 들어 전기를 전송하기 위해서는 송전 도선에서 저항을 최대한 줄이기 위해 높은 전압을 사용합니다.

그 이유는 높은 전압에서 도선의 저항 손실이 적기 때문에 이런 방식을 사용하며, 같은 이유로 도선의 굵기도 매우 굵고 넓은 부피로 전기를 전송하게 됩니다.

그런데 도선의 저항이 0인 초전도체라면 상황은 달라집니 다.

그 이유는 저항에 손실이 없을 뿐 아니라 열도 발생되지 않아 바늘처럼 매우 얇은 송전선을 사용해도 되기 때문입니다.

그러나 이런 현상은 절대 온도[25]인 영하 273.15℃에 가까운 240℃에서 일어나기 때문에 이 온도를 유지하려면 많은 부대 비용이 필요해서 아직은 경제성이 없습니다.

만일 상온에서도 이런 현상이 일어난다면 더 이상 저항이 적은 백금이나 금, 구리 등을 사용하지 않고 저렴한 금속들을 이용해서 송전선을 만들 수 있고, 전력 손실도 획기적으로 줄일 수 있고, 컴퓨터에 관련된 다양한 처리능력을 현재보다 상상을 초월할 만큼 올릴 수 있습니다.

최근 39,000,000Psi(265만 기압)에서 상온 초전도[26] 현상을

---

25) 절대 영도(絶對零度, Absolute Zero)는 물리학에서 거시적으로 이론적인 온도의 최저점으로 0 켈빈의 온도를 의미한다. 섭씨로는 −273.15 ℃에 해당하며, 화씨로는 −459.67 °F에 해당한다.
26) 물리학자인 랭거 디아스(Ranga Dias) 교수는 새로 발견한 초전도체가 15℃ 이하에서 초전도현상이 가능하다고 말했다. 디아스 교수는 두 개의 다이아몬드 사이에 탄소와 수소, 유황을 삽입한 후 레이저로 지구 기압보다 약 260만 배 강한 압력을

발견했지만 구현하기에는 경제적인 손실이 높아 아직 상용화할 수 없습니다.

1. 초전도 현상의 설명과 우주의 처리 특성

초전도 현상에서 저항이 0인 상태는 어떻게 이루어질까에 대해 과학자들은 연구와 이론들을 통해 다양한 설명을 하고 있습니다.

이 중에서 양자 역학적인 설명을 현재까지 많은 과학자들이 정설로 받아들이고 있는데, 제2장 특수 상대성 이론과 시간의 존재에서 언급한 시간에 관련된 요소에 의해 초전도 현상이 구현됨을 알 수 있습니다.

미시 세계에서의 물질의 운동은 거시 세계와 달리 규칙성이 없는 것이 특성입니다.

인류의 과학이 발달되지 않아 아직까지는 그 규칙성을 찾아내지 못하고 있지만, 제6장에서는 초전도 현상을 통해 아인슈타인의 시간과 물질의 특정 성질에 관해 설명하려고 합니다.

원자나 분자 그리고 양자나 전자들도 미시 세계에서 가만히 존재하는 것이 아니라 활발하게 움직입니다.

입자나 파동의 움직임은 이미 물리학과 화학에서 증명된 사실입니다.

가해 15°C에서 초전도현상을 유도하는 데 성공할 수 있었다고 설명했다.

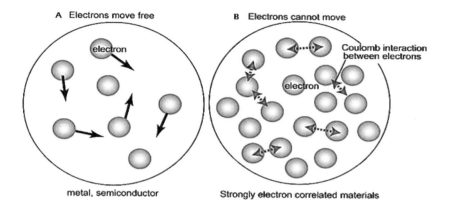

그림 18 전자의 정지상태

그림 18에서 B의 상태는 특정한 환경에서 전자가 정지된 상태를 설명하는 그림입니다.

이때 미시 세계의 물질들이 모두 정지하게 되면 그림 20에서와 같이 특이한 현상이 일어납니다.

2. 미시 세계의 정지된 물질은 초전도 현상이 일어난다.

우주 법칙의 처리가 '완전히 움직이지 않는 정지된 물질에 관해서는 처리하지 않는다.'는 양자 역학적 특이한 우주의 프로세서가 시작되는 것입니다.

그 결과물로서 도선의 저항이 0상태가 되는 것입니다.

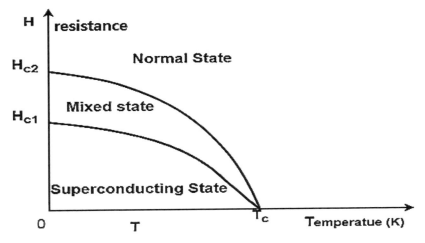

Variation in critical magnetic field with
temperature for type-II superconductor

그림 19 초전도 현상에 대한 온도 그래프

서두에 언급한 것처럼 그림 19는 영하 240℃일 때 초전도 현상이 일어나는 것을 볼 수 있으며, 매우 높은 기압인 39,000,000Psi의 상태에서도 미시 세계의 전자나 양자들은 정지되며 초전도 현상이 일어나는데, 각주 26에서와 같이 상온인 영상 15℃에서 이런 현상들이 최초로 발견되었습니다.

그림 19에서와 같이 초전도 상황에서 높은 전압과 전류를 가하게 되면 그림 20처럼 자석이 공중에 부양할 수 있습니다.

이제 인류는 초전도 현상이 상온에서 일어날 수 있는 상태까지 과학이 발전되었습니다.

거시 세계에서 정지된 물질이 내면의 미시 세계에서는 활발하게 움직이고 있다는 사실을 실험과 측정을 통해 알 수 있습니다.

 미시 세계의 물질들이 정지하게 되면 도체의 경우 초전도 현상이 일어날 수 있다는 것이 두 가지 환경에서 증명되었습니다.

그림 20 영하 240℃에서 자석의 공중 부양

 초전도 현상은 시간 변화에 따른 물질 운동량이 완벽하게 0인 상태를 의미하며, 이 경우 양지의 도약처럼 우주의 시스템이 완벽한 정지 상태일 경우 데이터를 처리하지 않고 모든 진동에 대한 저항이 없게 되는 초전도 현상으로 이론상 대규모 전압과 전류를 인가해도 저항이 완전히 없게 되는데 이는 양자 역학에서 프랑크 길이 사이에서는 점프하는 것과 같이 우주 특이점의 특성을 갖게 됩니다.

제6장

. . . .

시뮬레이션 우주와 착시

우주는 일종의 프로그램 시뮬레이션이라면
어떻게 동작하는지 알 수 있을지도.

과학자들은 우주가 하나로 구성된 것이 아니라, 여러 개로 구성되어 있다는 다중 우주론27)을 주장하고 있습니다.

그림 21의 조각들은 완전한 정사각형이지만, 휘어져 보이는 것처럼 착각하며 인지합니다.

그림 21 사람의 착시의 대표적인 그림

27) 다중 우주론은 우주가 여러 가지 일어나는 일들과 조건에 의해 통상적으로 갈래가 나뉘어, 서로 다른 일이 일어나는 우주가 사람들이 알지 못하는 곳에서 동시에 진행되고 있다는 이론이다.

이것은 뇌가 눈으로 습득하는 시각적 정보를 인지하는 과정에서 최적화 과정을 거치며 정보가 완전하지 못하거나 오류가 발생되어 그렇습니다.

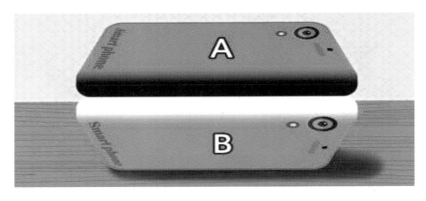

그림 21-1 두개의 전화기 A와 B는 같은 색입니다.

그림 21-1의 경우 위아래 전화기는 같은 색이며, 이 역시 최적화된 우리 뇌는 정보 처리의 일반화 오류[28]를 일으킵니다.

이 부분은 우리에게 재미있는 상상의 소재가 될 수 있는데, 현재 사람이 1초에 연산하는 속도는 2021년 현존하는 최고의 슈퍼컴퓨터보다 1/1,000,000 정도 느립니다.

특정한 환경이 되면 우주는 물질에 대해 더 이상 처리를 하지 않거나 무작위로 법칙 없이 결과를 나타냅니다.

---

28) 성급한 일반화 또는 부당한 일반화의 오류란 몇 개의 사례나 경험으로 전체 또는 전체의 속성을 단정짓고 판단하는 데서 발생하는 오류이다. 불확실한 증거를 기반으로 둔 귀납적 일반화에 도달하는데 귀납적 오류의 논리적 오류를 일컫는 말이다.

결과로 우주가 물질에 대한 처리 중 하나로 초전도 현상을 특정한 상황에서 구현합니다.

컴퓨터는 수많은 연산을 하는 것 같지만, 작업의 최적화로 프로그램 되어 있지 않으면 CPU나 그래픽의 리소스를 너무 많이 사용해서 또 다른 작업을 진행할 때 지연이 발생될 수 있습니다.

이러한 작업 지연이 발생되지 않게 모든 컴퓨터들은 최적화라는 시스템의 구조를 갖고 있으며, 좀 더 관심 있게 컴퓨터를 살펴보면 많은 부분에서 이런 최적화 형태로 처리하는 것을 볼 수 있습니다.

예를 들어 현재 최고 빠른 슈퍼컴퓨터의 처리 시간은 **1초**에 10^{15} 정도의 간극으로 다양한 연산을 수행합니다.

상용화된 슈퍼 양자 컴퓨터가 나오면 **1초**에 10^{25} 이상이 될 것이라고 예측하는 학자들도 있습니다.

이는 앞으로 양자 컴퓨터가 일반 상용화되면 지구상에 살아왔던 온 인류가 약 1,000억 명 정도가 거쳐 갔을 경우를 가정해서 모든 생각들의 합을 단 1~2초에 수행해 낼 수 있는 속도입니다.

물리학자들이 우주의 연산 속도도 수학적으로 증명하려고 애쓰고 있는데 그 규모는 얼마나 될까요?

정확하게 알 수는 없지만, 과학자들은 물리학적인 최소 단위인 플랑크 시간[29]을 **1초**에 10^{43} (그림 22의 Planck time) 정도라고 수식적으로 증명하고 있습니다.

---

29) 플랑크 시간이란 플랑크 단위로 알려진 시간 단위로, 광자가 빛의 속도로 플랑크 길이를 지나간 시간을 말한다. 물리적으로 의미가 있는 측정할 수 있는 최소의 시간 단위로 5.391 06 × 10^{-44} s 이다.

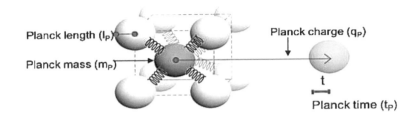

Unit Cell of Spacetime Lattice

그림 22 플랑크 시간과 플랑크 길이

따라서 우주는 대략 플랑크 길이가 10^{-35}로 고려할 때 **1초**에 10^{43}개씩 연산을 합니다. 우주가 1초에 연산하는 데이터 양은 10^{60}g으로 모든 상호작용에 관하여 연산을 한다고 예측합니다.

이 양은 너무 방대해서 우주는 최적화된 해법으로 진행된다는 것이 현대 물리학의 다중 우주론을 주장하는 과학자들의 일관적인 생각입니다.

그렇기 때문에 그림 1, 2에서 양자 역학의 미시 세계에서 관찰자의 관찰 유무에 따라 다른 형태로 존재하는데, 관찰하지 않으면 입자는 파동 형태를 띠고 관찰을 통해 상호작용이 생기면 입자 형태로 변경된다는 가정이 성립됩니다.

이 부분은 분명히 우주는 누군가에 의해 만들어져 있다는 것에 대한 중요한 증명이며, 실험적인 결과입니다.

제7장

· · · · · · · · · · · · · · · · · ·

속도와 중력과 시간

시간은 분명히
상대적인 특성을 갖고 있다.

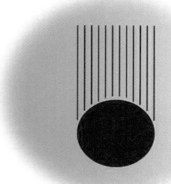

아인슈타인은 속도와 중력의 관계를 명확하게 정리하고 있는데 속도가 빨라지거나 중력이 높아지면 시간은 느려진다는 것을 입증했습니다.

고층 엘리베이터를 타고 빠른 속도로 높은 층으로 올라갈 때 손에 무게가 있는 물건을 들고 있다면 분명히 무거워지는 느낌을 갖게 됩니다.

그리고 빠른 속도로 내려갈 때는 들고 있는 물건이 가벼워지는 것을 느끼게 됩니다.

이것은 가속도에 의한 무게의 변화를 갖게 되는 것이며 아인슈타인은 중력의 방정식과 가속도의 방정식이 일치함을 그의 연구를 통해 발견했습니다.

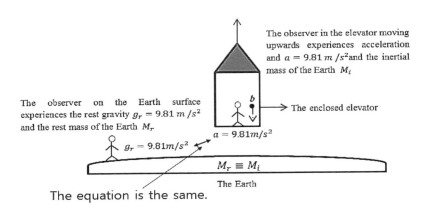

The observer in the elevator moving upwards experiences acceleration and $a = 9.81 \, m/s^2$ and the inertial mass of the Earth M_i

The observer on the Earth surface experiences the rest gravity $g_r = 9.81 \, m/s^2$ and the rest mass of the Earth M_r

The enclosed elevator

$a = 9.81m/s^2$

$g_r = 9.81m/s^2$

$M_r \equiv M_i$

The Earth

The equation is the same.

그림 23 중력과 가속도의 공식

그림 23에서는 a=gr로 비교하면 중력과 가속도는 같은 등식임을 볼 수 있습니다.

광속은 어느 환경에서나 불변하기 때문에 그림 24를 보면 시간이 속도에 따라 어떻게 느려지는지 자세하게 묘사되어 있습니다.

A는 정지한 우주선이고 B1은 B2로 광속의 50% 속도로 이동 중입니다.

C가 관찰할 때 A에서 손전등을 거울(Mirror)에 비추면 그 빛은 아래(Detector)에 검출됩니다.

같은 방법으로 광속도에 50%로 움직이고 있는 B1은 빛의 반사 거리가 훨씬 길게 됩니다.

따라서 빛의 속도는 불변하기 때문에 관측자가 볼 때는 B1에서 B2로 이동하는 시간이 느려지게 되는 현상을 발견할 수 있습니다.

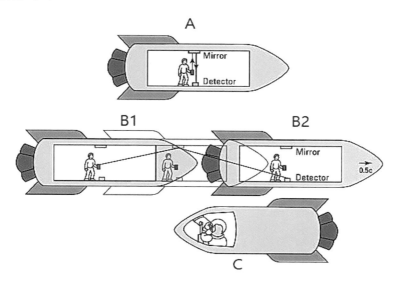

그림 24 속도와 시간의 관계

이것이 아인슈타인의 상대성 이론에서 시간이라는 특성을 표현하고 있는 설명으로 어려울 수 있지만, 이는 물리학의 이론뿐만 아니라 실험적으로도 증명되어 있습니다.

그러므로 그림 23을 보면 가속도와 중력의 방정식이 일치함으로 중력이 높으면 시간이 느려지게 되는 원리입니다.

흔히 GPS[30]라는 장치를 이용해서 자동차나 스마트폰에서 내비게이션을 사용합니다.

간단히 GPS의 원리를 설명하면 그림 25에서 위성 A, B, C, D가 있고 각각의 위성에는 원자 시계[31]가 탑재되어 있습니다.

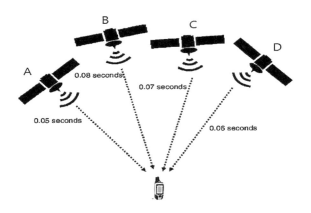

그림 25 GPS의 동작원리

---

30) GPS 또는 범 지구위치결정시스템은 현재 GLONASS와 함께 완전하게 운용되고 있는 범지구위성항법시스템 중 하나이다. 미국 국방부에서 개발되었으며 공식 명칭은 NAVSTAR GPS이다.
31) 원자 시계는 원자의 진동수가 일정함을 이용하여 만든 시계이다. 온도 등의 외부 영향을 거의 받지 않아 정확도가 매우 높다. 암모니아, 루비듐, 수소 등이 사용되나, 그 중 국제원자시의 기준이 되는 세슘 원자로 만든 시계가 특히 정확성이 높다. 보도는 0.0000001초이다.

전파의 속도[32]는 진공 중에서는 빛과 동일한 속도를 갖고 각 위성에 있는 원자시계의 시간에 대한 정보를 우주에 떠 있는 GPS 위성의 높이[33]에서 보내게 되면 정확하게 전파의 도달 지역을 계산할 수 있습니다.

A는 0.05sec, B는 0.08sec, C는 0.07sec, D는 0.06sec라면 GPS 장치에서는 삼각함수[34]로 계산해서 정확한 자신의 위치를 알게 되는 것입니다.

그런데 재미있는 사실은 아인슈타인의 특수 상대성[35] 이론에 의해 빠르게 움직이는 물체는 시간이 느려지기 때문에 GPS 위성의 경우 시속 1만 4천 km의 속도로 지구를 돌고 있고, 이 영향으로 지상의 시계보다 매일 7마이크로 초씩 느려지게 됩니다.

또한 두 번째는 일반 상대성[36] 이론에 의한 것으로 지구와 같은 중력 물체는 중앙에 가까워질수록 시간이 느려지는데 이

---

32) **전파**가 진공 상태에서 1초에 이동하는 거리인 299,792,458 m (983,571,056 피트)를 파장 수로 나눈 값이 1헤르츠(Hz)이다.
33) GPS 위성의 고도는 약 20,183 km이다. 또한 항성일 마다 궤도를 두 번 일주하며, 각각의 GPS 위성은 지상의 한 점을 하루에 한 번 통과하게 된다. GPS 궤도는 지상의 대부분 위치에서 최소한 여섯 개의 GPS 위성을 관측할 수 있도록 배열되어 있다.
34) 수학에서, 삼각함수는 각의 크기를 삼각비로 나타내는 함수이다. 예각 삼각함수는 직각 삼각형의 예각에 직각 삼각형의 두 변의 길이의 비를 대응시킨다. 임의의 각의 삼각함수 역시 정의할 수 있다.
35) 특수 상대성 이론, 또는 특수 상대론은 빛의 속도에 견줄 만한 속도로 움직이는 물체들을 다루는 역학 이론이다. 특수 상대성 이론은 고속의 물체에 대하여 기존의 뉴턴 역학의 갈릴레이 변환을 대체하고, 갈릴레이 변환과 달리 고전전자기학의 맥스웰 방정식과 일관적이다.
36) 일반 상대성 이론 또는 일반 상대론은 마르셀 그로스만, 다비드 힐베르트, 알베르트 아인슈타인 등에 의해 발전되고 아인슈타인이 1915년에 발표한, 중력을 상대론적으로 다루는 물리 이론이다. 핀란드의 이론물리학자 노르드스트룀도 일반 상대론의 많은 부분을 논문으로 발표했다.

는 중력이 커지기 때문입니다.

지상 2만 100km 상공의 위성에 장착된 원자시계는 중력의 영향을 적게 받은 결과 지상의 시계보다 매일 45마이크로 초 빨리 흐르게 됩니다.

따라서 상대성 이론에 따른 이 두 효과를 서로 상쇄하면 GPS 시계는 지상의 시계보다 매일 38마이크로 초 빠르게 흐르고. GPS는 정확성을 높이기 위해 이 시간차를 자동으로 보정하는 기능을 내장하고 있습니다.

만약 시간을 보정해 주지 않은 GPS 수신 정보를 지상에서 실제 사용할 경우 거리에서 그만큼 오차가 발생하게 되므로 아인슈타인의 방정식을 적용하지 않으면 정확한 위치에 대한 정보를 얻을 수 없습니다.

GPS 위성은 그림 25-1처럼 최소 6개 이상 GPS 위성에서 보내는 전파가 수신되어야 위도. 경도에 대한 위치와 고도에 대한 정확한 정보를 얻게 됩니다.

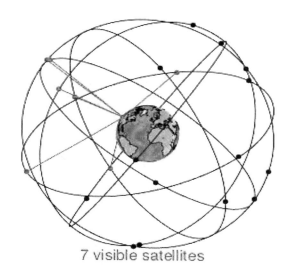

7 visible satellites

그림 25-1 GPS위성의 숫자

이처럼 약 100년 전에 아인슈타인이 정립한 상대성 이론의 물리학적 수식은 실생활에서 여러 분야에 활용되고 있습니다.

그 중심에는 '시간은 절대적이지 않다.'라는 매우 중요한 관점의 방정식이 사용되고 있습니다.

시간은 환경에 따라 분명히 다르게 진행되고 있습니다.

따라서 우주가 우연히 생겼든, 또는 누군가 우주를 만들었고 그것이 6천 년이 되었든, 150억 년이 되었든 시간은 어떤 환경을 갖고 있는지에 따라 절대적인 의미는 없습니다.

'끊임없이 팽창되고 있다면 우주의 밖은 어떻게 되어있을까?' 이 명제는 많은 사람들이 궁금해하고 매우 이해하기가 어렵습니다.

그런데 시간이라는 중요한 요소를 뺀 것이 우주의 밖이라고 한다면, 쉽지는 않겠지만 이해의 폭을 넓게 확장할 수도 있습니다.

우리의 세계는 시간과 공간의 세계이고 우주 밖은 공간의 세계 라면 그래서 우주 밖은 시간이 없기 때문에 우리가 볼 수 없는 무한한 공간이며 팽창의 순간 시간이 부여된다는 가설로 이해할 수 있습니다.

물론 과학적인 가설은 아니지만 흥미로운 상상은 언제나 가능합니다.

그림 7의 시간의 조각(Like a piece of bread)을 우리가 하나씩 지나가며 미래의 조각으로 이동하듯 우주도 팽창에서 시간을 부여받으며 하나씩 우리의 눈에 보이게 되는 것이라는 상상이 독자들에게 새로운 재미를 줍니다.

제8장

·················

DNA와 Coding[37]

우연히 만들어진 DNA[38]는
인간이 개발한 프로그램의 스타일과 매우 유사하다.

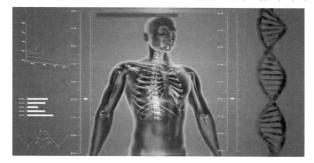

---

37) 하나 이상의 관련된 추상 알고리즘을 특정한 프로그래밍 언어를
이용해 구체적인 컴퓨터 프로그램으로 구현하는 기술을 말한다. 조금
더 쉽게 설명하자면, 코딩이란 프로그래밍 코드를 어딘가에 적는 것을
말한다. 어렵게 생각할 것 없다. 말 그대로 단지 프로그래밍 코드를
써내면 그게 코딩이다. 예를 들면 메모장을 켜고 평범한 글을 쓸
수도 있고, 프로그램 코드를 쓸 수도 있는데 후자를 하면
코딩이다.[1] 보통은 코딩을 할 때 컴퓨터를 이용하기에 키보드를
마구 두들겨가며 코딩을 하겠지만, 종이나 화이트보드 위에 손으로
직접 코드를 써 가면서 코딩을 할 수도 있다.
38) DNA는 뉴클레오타이드의 중합체인 두 개의 긴 가닥이 서로
꼬여있는 이중나선 구조로 되어있는 고분자화합물이다. 세포
핵에서 발견되어 핵산이라는 이름이 붙게 되었지만 미토콘드리아
DNA와 같이 핵 이외의 세포소기관도 독립된 DNA를 갖고 있는
것이 있다.

생명체는 우연히 진화되어 지금까지 와 있는 것인가? 아니면 누군가에 의해 완벽한 설계로 현재까지 와 있는가? 아니면 불완전한 설계가 진화를 통해 완성되어 가고 있는가?

생명체의 생명현상은 신비할 뿐 아니라 감히 누구도 결론을 낼 수 없을 만큼 복잡하고 어렵습니다.

그 이유는 우리가 생명체이기 때문입니다.

그림 26의 차원 이론을 보면 선의 1차원의 특이한 현상들을 알 수 있으려면 2차원에서 보아야 하고, 2차원의 특이한 현상들을 알 수 있으려면 3차원에서 보아야 합니다.

이것처럼 우리가 현재 안에 존재하는 생명체이기 때문에 특이한 현상들을 알 수 없을 것입니다.

그러나, 우리는 3차원 공간에 살면서 과학을 통해 다양한 시뮬레이션[39]을 함으로 정확하지는 않지만 예측 가능한 검증과 실험으로 우리가 살고 있는 3차원 이상인 상위 차원이나 3차원 이하인 하위 차원들을 이해하고 검토해 볼 수 있습니다.

---

39) 시뮬레이션은 실제로 실행하기 어려운 실험을 간단히 행하는 모의실험을 뜻한다. 특히 컴퓨터를 이용하여 모의실험을 할 때는 컴퓨터 시뮬레이션이라고 한다. 인류 생활을 보다 안전하고 쾌적하게 개선하기 위해서는 건물을 짓거나 물건을 만들어서 실험을 해 보아야만 한다.

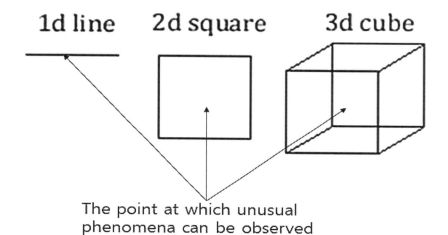

그림 26 각각의 차원 별 전체를 관측 가능한 시점

따라서 생명의 현상도 다양한 시뮬레이션으로 생명의 근원을 추적하는 데 여러 가지 기법들을 만들어 가고 있습니다.

이 장에서는 DNA와 Coding을 통해 생명에 대한 기초적인 접근을 시도해 보려고 합니다.

1. DNA의 Code와 컴퓨터 Code의 유사성

DNA를 구성하고 있는 뉴클레오타이드(nucleotide)[40]는 염기[41], 당[42], 인산[43]으로 구성되어 있습니다.

---

40) 뉴클레오타이드(nucleotide)는 핵산을 구성하는 단위체인 분자이다. 덧붙여, 뉴클레오타이드는 대사에 중추적인 역할을 한다. 그 용량으로 인해 화학적 에너지의 공급자이며, 세포내 신호계 그리고 효소 반응의 중요성분으로도 작용한다.
41) 생명과학에서 핵산(DNA, RNA)의 주요성분 중 하나로 배우기도 한다. 인산-당-염기로 쓰이며 이 때의 염기는 DNA의 경우 A,T,G,C이고 RNA의 경우 A,U,G,C이다.(A-아데닌, T-티민, U-유(우)라실, G-구아닌, C-사이토신)

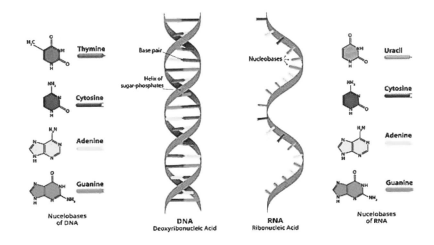

그림 27 DNA와 RAN의 구조

그림 27에서 DNA는 RNA와 한 쌍을 이루고 있는 것을 볼 수 있습니다.

DNA의 설명을 일부 안다고 해도 그 양이 너무나 방대하기 때문에 여기에서는 DNA의 구성인 티민(Thymine[44]), 사이토

---

42) 오탄당(五炭糖, 펜토스, 영어: pentose)은 5개의 탄소 원자를 갖는 단당류이다. 알데하이드를 갖는 알도펜토스와 케톤을 갖는 케토펜토스로 나뉜다.

43) 인산(燐酸 린산, phosphoric acid)은 무기 산소산의 일종으로, 화학식은 H3PO4이다. 인산은 산 자체와 PO43-이온을 동시에 가리키기도 하며, 대체로 화학에서의 인산은 산으로서 인산을 포함하는 산성 반응물을 가리킨다. 한편 생명체에서 인산은 대체로 PO43-이온을 나타내는데, 이때 인산은 생체내에서 다수의 물질과 결합하여 인산이 포함된 화합물을 구성하고 있으며, DNA사슬에 포함된 인산이 대표적이다. PO43-는 보통 인산 이온(phosphate ion)이라고 한다. 인산 이온이 양이온과 이온 결합한 상태는 인산염이라고 한다.

44) 티민(영어: thymine, T)은 디옥시리보핵산(DNA)에서 발견되는 4가지 핵염기들 중 하나이다. 나머지 핵염기들은 아데닌(A), 구아닌(G), 사이토신(C)이다. 티민은 피리미딘 핵염기로 5-메틸유라실로도 알려져 있다. RNA에서 티민은 유라실로 대체된다

신(Cytosine[45]), 아데닌(Adenine[46]), 구아닌(Guanine[47])의 Coding 중심의 구성과 컴퓨터 프로그래밍의 Coding에 관한 유사성을 정리하고자 합니다.

DNA는 유전자 또는 유전자 본체라고 번역할 수 있는데 모든 생명들은 DNA가 존재합니다.

2020년 초부터 세계를 공포로 몰아넣고 있는 코로나 바이러스도 RNA 형태로 존재하는 바이러스로 사람의 DNA와 결합하여 기생하지 않으면 유전자를 자손에게 전달해 줄 수 없는 구조를 가지고 있습니다.

---

45) 사이토신(영어: cytosine, C)은 핵산인 DNA와 RNA에서 발견되는 5가지 주요 핵염기들 중 하나이며, 나머지는 아데닌(A), 구아닌(G), 티민(T), 유라실(U)이다. 사이토신은 헤테로 방향족 고리에 2개의 치환기(고리의 4번 위치에 아민이 있고, 2번 위치에 케톤이 있음)가 결합된 피리미딘 유도체이다. 사이토신의 뉴클레오사이드는 사이티딘이다. 왓슨-크릭 염기쌍에서 사이토신은 구아닌과 3개의 수소 결합을 형성한다.
46) 아데닌은 핵산인 DNA와 RNA에서 발견되는 5가지 주요 핵염기들 중 하나이며, 나머지는 구아닌(G), 사이토신(C), 티민(T), 유라실(U)이다. 아데닌의 유도체들은 에너지가 풍부한 분자인 아데노신 삼인산(ATP) 및 보조 인자인 니코틴아마이드 아데닌 다이뉴클레오타이드(NAD), 플라빈 아데닌 다이뉴클레오타이드(FAD)의 형태로 세포 호흡을 포함한 생화학에서 다양한 역할을 한다. 또한 아데닌은 단백질 생합성 및 DNA와 RNA의 화학적 구성 성분으로서의 기능도 가지고 있다.
47) 구아닌(영어: guanine), G)은 핵산인 DNA와 RNA에서 발견되는 5가지 주요 핵염기들 중 하나이며, 나머지는 아데닌(A), 사이토신(C), 티민(T), 유라실(U)이다.[2] DNA에서 구아닌은 사이토신과 염기쌍을 형성한다. 구아닌 뉴클레오사이드는 구아노신이라고 불린다.

구아닌은 퓨린의 유도체로 단일 결합 사이사이에 이중 결합을 갖는 피리미딘-이미다졸 고리가 융합된 체계로 구성되며, 화학식은 $C_5H_5N_5O$이다. 불포화되어 있기 때문에 두 개의 고리 분자는 평면 구조이다.

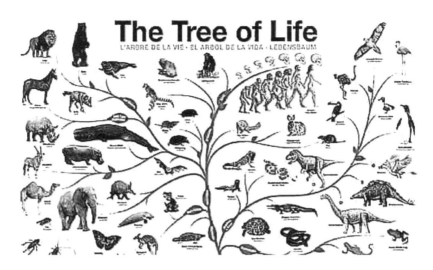

그림 28종의 계열 구조

　따라서 생명체라면 반드시 DNA를 갖고 있고 그림 28과 같이 각각의 종들은 DNA를 통해서 구분할 수 있습니다.

　이는 각각의 종들은 자손에게 자신의 특성을 그대로 전달하며, 이 구조가 없거나 파괴되면 그 종의 생명은 그의 대에서 끝나고 종48)으로 이어질 수 없습니다.

　DNA의 Code(염기서열49))는 모든 생물체를 대상으로 다루기에는 광범위해서 가장 복잡한 구조를 갖고 있는 사람의 DNA의 Code를 샘플로 사용하여 비교하려고 합니다.

---

48) 생물 분류(生物分類) 또는 생물학 과학 분류(生物學科學分類)는 생물의 종을 종류별로 묶고, 생물학적 형태에 따라 유기체들을 계통화하는 방법을 말한다. 생물 분류는 분류학이나 계통분류학에서 다룬다.
49) 염기서열 또는 핵산의 1차 구조는 DNA의 기본단위 뉴클레오타이드의 구성성분 중 하나인 핵염기들을 순서대로 나열해 놓은 것을 말한다. 유전자는 생물의 유전형질을 결정하는 단백질을 지정하는 기본적인 단위로, 지구상의 모든 생명체들은 염기서열을 통해 단백질을 지정하는 원리를 따른다.

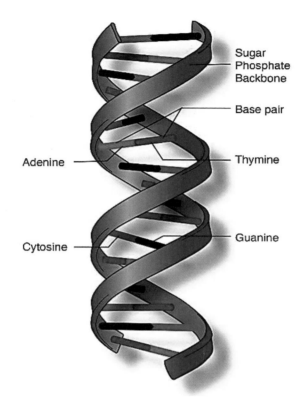

그림 29 DNA의 구조

DNA Code의 구조는 그림 29, 29-1을 참조하여 아데닌-티민(AT), 사이토신-구아닌(CG)의 4개 요소의 Code로 구성되어 있습니다.

컴퓨터는 2개의 요소인 0과 1로 구성되어 있고, 양자 컴퓨터의 경우 3개의 요소인 0과 큐비트(Qubit[50])와 1로 구성되어 있습니다.

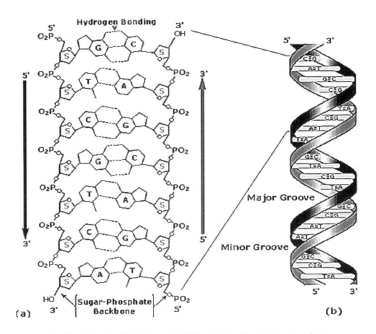

그림 29-1 핵산과 연결된 DNA의 코드 구성표

양자 컴퓨터 코드의 3개 구성요소 중 하나인 큐비트를 DNA를 구성하고 있는 4개의 독립적인 요소와 비교하는 것은 무리가 있을 수 있습니다.

하지만, 이 책에서는 사람의 DNA를 구성하는 요소가 인류의 최첨단 양자 컴퓨터와 비교할 때 오히려 더 많음에 초점을

---

50) Qubit는 양자 컴퓨터로 계산할 때의 기본 단위이다.
'양자비트'(영어: quantum bit)라고도 한다. 일반 컴퓨터는 정보를 0과 1의 비트단위로 처리하고 저장하는 반면 양자 컴퓨터는 정보를 0과 1의 상태를 동시에 갖는 큐비트 단위로 처리하고 저장한다.

두고자 합니다.

구성요소가 많은 Code를 프로그램 하면 표현을 훨씬 많이 할 수 있다는 의미이기도 하며, 프로그램의 언어가 매우 복잡 해진다는 뜻이기도 합니다.

2개의 요소로 구성된 현재의 컴퓨터보다. 수십만 배 이상의 처리가 가능한 3개의 구성 요소로 되어 있는 양자 컴퓨터는 인류의 미래를 획기적으로 발전시켜줄 도구입니다.

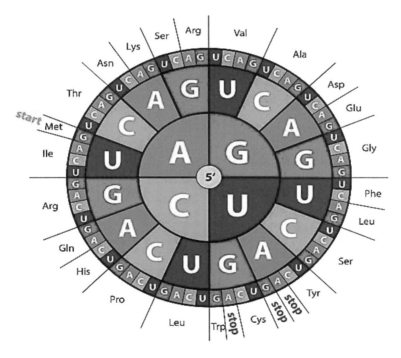

그림 29-2 DNA의 코드 동작표

양자 컴퓨터는 3개의 구성요소로 설정되어 있는데 보통 교 실 10개 정도 크기이지만, DNA는 양자 컴퓨터 크기에 비교하면 1,400~1,600g 정도로 매우 작습니다.

뿐만 아니라 방대한 에너지를 사용하는 양자 컴퓨터의 월 전력 사용량51)에 비해 사람의 뇌는 밥 한 공기와 반찬 몇 개 정도면 완벽하게 동작됩니다.

그림 29-2에서 보면 AUG의 프로그램 시작 코드와 UAA, UAG, UGA가 존재하고 이 코드가 전체 DNA 프로그램의 문장에 대한 정리를 해줍니다.

실재 DNA의 프로그래밍은 이것과 비교할 수 없을 만큼 복잡하고 다양하고 어렵습니다.

이 책은 유전학 책이 아니므로 단순한 샘플 비교를 통해 독자들의 생명의 요소인 DNA에 대한 간단한 이해를 돕고자 그림으로 표현한 것입니다.

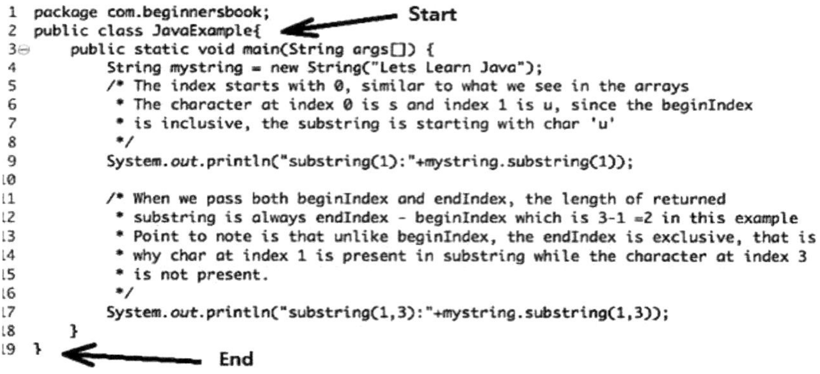

```
1  package com.beginnersbook;
2  public class JavaExample{                    Start
3      public static void main(String args[]) {
4          String mystring = new String("Lets Learn Java");
5          /* The index starts with 0, similar to what we see in the arrays
6           * The character at index 0 is s and index 1 is u, since the beginIndex
7           * is inclusive, the substring is starting with char 'u'
8           */
9          System.out.println("substring(1):"+mystring.substring(1));
10
11         /* When we pass both beginIndex and endIndex, the length of returned
12          * substring is always endIndex - beginIndex which is 3-1 =2 in this example
13          * Point to note is that unlike beginIndex, the endIndex is exclusive, that is
14          * why char at index 1 is present in substring while the character at index 3
15          * is not present.
16          */
17         System.out.println("substring(1,3):"+mystring.substring(1,3));
18     }
19 }                    End
```

그림 30 Java 프로그램 샘플

그림 30은 현재 많이 사용하고 있는 자바(Java) 프로그램의

---

51) 양자 컴퓨터의 경우 월평균 전력 소모량은 1,000~2,000kWh 정도가 필요할 것으로 전망되어 기존 슈퍼컴퓨터 전력 소모량과 비교해볼 때 에너지 소비를 획기적으로 감소시킬 것으로 예상된다.

샘플에 대한 그림인데, 반드시 " { "라는 시작의 요소가 있고 모든 문장의 끝에는 필히 " } "라는 요소가 포함되어 있는 것을 볼 수 있습니다.

Java라는 프로그램뿐 아니라 모든 컴퓨터 프로그램은 어떤 형태이건 '시작'과 '끝'이라는 구성요소를 정의하지 않으면 그 프로그램은 구동하지 않거나 무한적인 반복이 이루어지거나 그도 아니면 컴퓨터 시스템 자체가 에러에 빠지게 됩니다.

이런 현상들을 이용해서 바이러스를 만들어 컴퓨터 자체의 무한 반복 진행으로 정상적인 작업을 못 하게 하는 환경도 만들 수 있습니다.

이처럼 DNA의 Code 구성과 컴퓨터의 Code 구성은 놀라울 정도로 닮은 부분이 많이 있습니다.

이 책에서는 단지 시작과 끝의 요소를 비교했지만 구체적으로 비교하면 수많은 부분의 유사성을 발견할 수 있습니다.

2. DNA에서 각 사람의 죽음에 대해 Code로 정의함 그리고 생명 연장

그림 31을 참조하면 DNA 말단에 GGGATT의 Code가 여러 번 반복하게 되면 이 부분은 세포가 분열할 때마다 분열이 감소되어 이 Code를 세포 시계라고 부르며, 세포분열이 더 이상 되지 않고 중지하게 되면 세포사(apotopsis)[52]하게 됩니

---

52) 세포사(apotopsis) : 사람의 손 모양이 만들어지 위해 손가락 사이의 세포가 사멸하고 올챙이 꼬리 세포가 세포사하여 없어지는 것 등과 같은 발생 단계에서 나타나는 세포사(apotopsis)와 바이러스의 침입을 받은 세포와 세포의 DNA 손상이 복구되지 못한 세포가 세포사 하는 기작은 역시 유전자 명령에 따르는 것으로 세포와 개체 수준의 노화와 죽음이 프로그램 되었다는 설에 무게를 더해준다.

다.

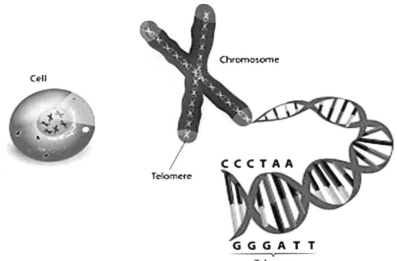

Telomere Length A Telltale Sign Of Aging

그림 31 세포의 죽음 Code / System

상당이 흥미로운 것이 있는데 암세포에는 텔로머라아제53) (Telomerase)가 작용하여 짧아진 텔로미어54)(Telomeres)를 연장하여 불사 세포가 됩니다.

이를 바탕으로 유전학에서 인공적으로 텔로미어를 연장시켜 세포 수명을 늘리는 실험을 진행하는 부분이 있습니다.

---

53) 텔로머레이스는 염색체의 말단에 반복염기서열 구조인 텔로미어를 신장시키는 효소이다. 텔로머라이제, 텔로머라아제라고도 한다.
54) 텔로미어 또는 말단소립 은 염색체의 끝부분에 있는 염색 소립으로 세포의 수명을 결정짓는 역할을 한다. 이것은 즉세포시계의 역할을 담당하는 DNA의 조각들이다. 텔로미어는 그리스어의 '끝'과 '부위'의 합성어다.

그림 32 구글 Calico 프로젝트

텔로미어는 인간의 수명을 제한하는 유전자 Code가 작용하기 때문에 이 부분은 많은 과학자들이 생명 연장을 위해 연구 중에 있습니다.

특히 그림 31의 구글 칼리코[55]는 벌거숭이 두더지 쥐[56]와 암세포 텔로머라아제 Code를 활용하여 사람의 수명을 500세까지 연장하기 위한 대표적인 프로젝트입니다.

1단계로 2045년까지 이 프로젝트를 마무리하는 것을 목표로 하고 있어 이 책을 읽는 독자들 중에 이런 혜택을 받을 수 있는 사람도 있을 것입니다.

---

55) 구글 칼리코는 인간의 수명을 무려 '500세'까지 연장시키는 프로젝트를 진행 중이다. 생명 연장과 동시에 노화방지, 질병퇴치를 목적으로 한다. 이미 보유한 100만 명 이상의 유전자데이터와 700만 개 이상의 가계도를 활용해 유전 패턴을 분석해 난치병 연구를 적극 진행 중이다.
56) 벌거숭이뻐드렁니쥐는 뻐드렁니쥐과에 속하는 설치류의 일종이다. 동아프리카 일부 지역에 서식하는 굴을 파는 습성을 가지고 있으며, 벌거숭이뻐드렁니쥐속의 유일종이다.

제9장

· · · · · · · · · · · · · · · · · ·

철학과 인공지능[57)]

육체의 복제와 생각의 복사

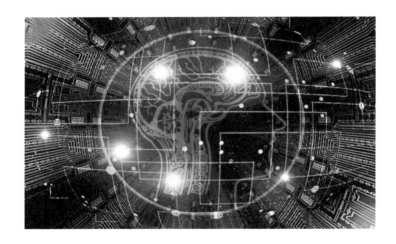

---

57) 인공지능(人工知能, 영어: artificial Intelligence)은 인간의
학습능력, 추론능력, 지각능력, 자연언어의 이해능력 등을 컴퓨터
프로그램으로 실현한 기술이다. 하나의 인프라 기술이기도 하다.

지능을 갖고 있는 기능을 갖춘 컴퓨터 시스템이며, 인간의 지능을
기계 등에 인공적으로 시연(구현)한 것이다. 일반적으로 범용
컴퓨터에 적용한다고 가정한다. 이 용어는 또한 그와 같은 지능을
만들 수 있는 방법론이나 실현 가능성 등을 연구하는 과학 분야를
지칭하기도 한다.

"나는 생각한다. 고로 존재한다.58)"

데카르트가 방법적 회의 끝에 도달한 철학의 출발점이 되었던 명제입니다.

아우구스티누스 역시 회의주의를 배격하기 위해 확고한 진리의 바탕이 되는 개념으로서 '생각하는 나'에 대하여 언급합니다.

데카르트는 여타의 지식이 상상에 의한 허구이거나 거짓 또는 오해라고 할지라도 존재가 그것을 의심하면 최소한 그 존재가 실재임을 입증하는 것이라고 주장했습니다.

인식(이 경우에는 자각)이 있으려면 생각이 있어야 하기 때문이라는 이유입니다.

사람의 뇌는 7년 정도면 완전히 새로운 뇌세포로 교체됩니다.

세포는 DNA를 통하여 복사를 하게 되며 새로운 세포는 그 고유한 특성을 유지한 상태의 구조를 갖게 됩니다.

그렇다면 정신은 어떻게 되는 것일까요?

지금은 하늘나라로 가셨지만 아주 어렸을 때 아버지와 같이 연을 만들어 놀았던 아름다운 추억이 있습니다.

---

58) 코기토 에르고 숨(라틴어: Cogito, ergo sum, 해석: 나는 생각한다. 그러므로 나는 존재한다.)은 데카르트가 방법적 회의 끝에 도달한 철학의 출발점이 되는 라틴어 명제이다. 데카르트는 애초에 《방법서설》에서 이 명제를 프랑스어로 썼지만("Je pense, donc je suis"), 라틴어로 된 명제가 널리 알려지게 되었다.[1] 데카르트는 후일 《철학 원리》에서 "우리가 의심하고 있는 동안 우리는 (의심하고 있는) 자신의 존재를 의심할 수 없다"고 하면서 다음과 같은 라틴어 명제를 제시하였다. "라틴어: dubito, ergo cogito, ergo sum 두비토, 에르고 코기토, 에르고 숨 [*], 나는 의심한다. 그러므로 나는 생각한다. 그러므로 나는 존재한다."

거의 50년 가까이 된 이 기억은 너무 생생하게 생각이 날 뿐만 아니라 아마 죽는 그날도 잊히지 않을 수 있습니다.

여기서 재미있는 것은 지금 나의 기억은 최소 7회 이상 뇌세포가 소멸되었음에도 불구하고 DNA와 함께 전달해 주었기 때문에 가능한 것입니다.

그렇다면 기억은 복사되는 것일까요? 아니면 세포의 복사 자체가 기억일까요?

나는 생각하기 때문에 존재하는 걸까요? 아니면 존재하기 때문에 생각하는 것일까요?

많은 Ai 과학자들은 "나는 생각한다"라는 사람의 생각의 단초를 찾기 위해 많은 시간과 노력을 투자합니다.

이는 과학자뿐만 아니라 IBM이나 Google, Microsoft처럼 거대 기업들도 생각의 단초를 찾기 위해서 많은 조력을 합니다.

만일 Ai에 생각의 단초를 프로그램화하고 양자 컴퓨터가 하드웨어로서 역할을 하고 5G E는 6G가 컴퓨터 통신으로 어느 정도 완벽한 휴머노이드(Humanoid)[59]가 된다면 아마 그들은 인류를 멸망시킬 수도 있지 않을까 생각해 봅니다.

더 지적인 존재가 과연 자신들보다 지적 능력이 떨어지는 사람을 위해 봉사할 수 있을까 하는 의문이 듭니다.

생각의 단초 이것은 물리적인 것일까요? 아니면 정신적인 것일까요?

---

59) 인간의 신체와 유사한 모습을 갖춘 로봇을 가리키는 말이다. 머리·몸통·팔·다리 등 인간의 신체와 유사한 형태를 지닌 로봇을 뜻하는 말로, 인간의 행동을 가장 잘 모방할 수 있는 로봇이다. 인간형 로봇이라고도 한다.

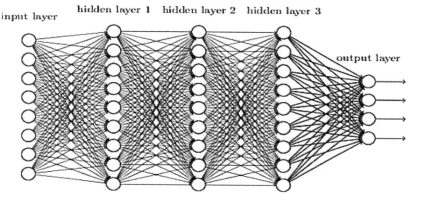

그림 33 Deep learning

그림 32의 인공지능 컴퓨터(Ai)의 Deep Learning 과정이며, 하나의 정보를 직렬로 처리 전달하는 것이 아니라, 수많은 병렬로 처리하고 학습하며 추론하는 기술입니다.

물론 훨씬 복잡한 처리 과정으로 진행되지만 이 책에서는 일부 단편적인 함축된 정보 중심으로 이해하기 쉽게 설명하고자 합니다.

컴퓨터는 0과 1의 이진수로 계산하고 자료를 처리 보관하며 필요한 정보의 부분을 빠른 시간 내에 불러주고 통신해 주는, 인류의 진보에 강력한 도구로 사용되고 있습니다.

하지만 아무리 뛰어난 컴퓨터도 사람처럼 판단하기는 어렵습니다.

사람은 정보를 숫자로 기억하고 판단하여 처리하지 않고 이미지로 정보를 판단하는 방식을 취하고 있기 때문입니다.

따라서 컴퓨터에 비해 사람의 사고 처리와 정보 판단이 훨씬 뛰어납니다.

컴퓨터는 대부분 2진법으로 수치화하여 자료를 처리하는 반면 사람은 이미지로 각종 정보들을 처리합니다.

디지털적인 정보처리는 컴퓨터가 매우 빠르지만, 이미지화되어 있는 아날로그 처리는 컴퓨터와 비교할 수 없이 사람의 뇌가 우수합니다.

이 우수한 특성으로 생각하고 판단하며, 새로운 것들을 구상하고 판단하는 것입니다.

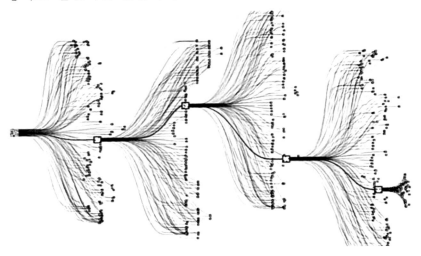

그림 34 Alpha Go 의 Deep learning system

하지만, 컴퓨터는 알고리즘 프로그램으로 사람의 생각을 뛰어넘는 정보를 파악하고 새로운 방식으로 자료를 처리하기 위한 소프트웨어를 구성하고 있습니다.

인공지능이 탑재된 알파고는 절대 인간을 이길 수 없는 바둑의 세계에서 최고의 바둑 기사들이 예측할 수 없는 수로 제압한 사건입니다.

바둑의 수는 10^{171} 정도로 우주의 원자의 10^{80} 수[60])의 10^{91} 정도 경우의 수가 많기 때문에 이 사건 이전에는 결코 컴퓨터가 사람을 이길 수 없을 것이라고 했었지만, 이 영역도 인공지능이 사람의 영역을 넘었습니다.

그럼에도 불구하고 아직도 인공지능이 넘지 못하는 상상과 판단 및 창조의 범위를 사람이 만들고 이를 증명해 내는 것이 바로 수학입니다.

사람이 만들고 체계화시킨 수의 세계로 보면 우주는 별로 크지 않은 세계이며, 이런 모습을 볼 때 인간은 참으로 위대한 존재입니다.

재미로 만든 바둑이라는 놀이 판에서 벌어지는 경우의 수가 우주의 원자 수보다 훨씬 많다는 것은 사람이 아직은 인공지능보다 뛰어나다는 것을 대변하는 것입니다.

인공지능은 바둑에서 승리할 수 있는 수를 찾아내어 사람에게 승리했지만, 바둑이라는 게임과 룰을 만든 이는 사람이라는 것입니다.

과학이 발전해서 기술의 특이점이 온다면 우주에서 일어나는 우연이라는 모든 가정과 수학적 가능의 수가 언젠가 우리가 충분히 파악하고 고려할 만한 규모일 수 있습니다.

---

60) **원자의 개수**

$(1.45 \times 10^{53}$ kg 나누기 1.67×10^{-27} kg) 계산 결과는 대략 수소 **원자** 10^{80} 개이다. 생화학적 합성은 138억 년 전, 빅뱅 이후 **우주**가 단 1,000만 년에서 1,700만 년 되었을 무렵인, 생명 가능 시기 동안에 시작되었을 것이다.

이를 유추하면, 인간은 우리 자신도 모르는 훨씬 뛰어난 지성체가 아닌가라는 생각을 해봅니다.

이를 통해 아주 먼 미래에는 생각이란 존재함을 느끼는 단초 안에서 우리는 영혼을 과학 안에서 분석할 수 있는 날이 있을 것입니다.

제10장

· · · · · · · · · · · · · · · · · ·

빛이 있으라

서두의 언급처럼 본서는

많은 종교 중 기독교를 샘플로 설명합니다.

다양한 종교에서 신은 우주를 창조하고 다스린다고 주장하며, 이 부분은 매우 주관적인 부분이라 학문적인 논의는 매우 어렵습니다.

위의 전제들은 물리학이나 수학, 그리고 공학이나 의학보다도 어렵습니다.

"빛이 있으라"라는 이 말은 유대교, 무슬림 및 기독교의 창세기에서 나오는 구절이며 최고의 명대사 중 하나입니다.

하지만 많은 사람들은 빛이 있으라는 말이 "선이 있으라", "물리적인 밝은 빛이 있으라" 또는 "온갖 빛이 있으라"라는 식으로 번역합니다.

맞는 말일 수도 있지만 물리학적인 관점에서는 시간의 선언이라고 생각됩니다.

위에서 언급한 것처럼 종교는 매우 복잡하고 어렵고 이해할 수 없어서 믿음이라는 도구가 없다면 불가능합니다.

이 믿음이라는 요소조차도 신이 부여해 주어야 하니 공학자들은 어처구니없는 현실이 됩니다.

우연히 우주가 만들어졌다면 앞으로 과거와 현재, 그리고 미래의 시간 조각대로 지나가게 될 것이며, 우리 인생의 끝이 자연적으로 도달할 것이기 때문에 큰 고민 없이 살아가도 될 것입니다.

하지만 반대로 50%의 확률로 신이 있다면 이야기는 달라집니다.

따라서 전자의 경우는 우리가 크게 고민한다고 해도 해결되지 않으며, 후자의 경우는 여러 가지 생각해야 할 변수들을 고민해 봐야 합니다.

그림 35의 "빛이 있으라"는 매우 흥미로운 문학적인 선언입니다.

마치 신이 없다고 주장하는 많은 과학자들조차 빅뱅을 가장 확실한 우주의 시작으로 보는데 "빛이 있으라"라는 선언과 유사성이 매우 깊어 보입니다.

빅뱅, 이 우주의 시작은 에너지의 폭발과 수많은 은하와 초신성들. 에너지와 파동 그리고 10^{-43}초 후에 중력이 가장 먼저 '초 힘'(Super force)[61]에서 분화했고, 10^{-36}초 후에 강력[62]히 분화하였으며, 10^{-12}초 후에 마지막으로 전자기력[63]이 약력[64]과 분화되면서 빛이 탄생했습니다.

이것이 많은 물리학자들이 주장하는 가설이며, 정설로 사용

---

61) 플랑크 시대(Planck epoch)는 물리우주론에서 우주의 탄생부터 플랑크 시간까지의 시대이다. 이때에는 중력의 양자 효과가 중요해진다. 우주의 초기에는 중력이 다른 기본 상호작용만큼 강했다. 이 시기에는 4가지 기본 힘(전자기력, 약한 상호작용, 강한 상호작용, 중력)이 초힘(superforce)이라는 하나의 힘으로 통합되어 있었다고 추정된다. 이 시기는 뜨겁고 밀도가 높아 불안정해서 자발 대칭 깨침에 의해 대통일 이론에 따라 중력을 뺀 세 가지 힘이 통합된 대통일 시대로 바뀌었고, 이 대칭이 우주의 급팽창을 이끌었다고 생각된다. 현재 스위스 제네바의 유럽 입자 물리학 연구소 실험으로 플랑크 시대의 물질은 쿼크 글루온 플라스마 상태에 있다는 것을 알아냈다.

62) 강한 상호작용은 물리학에서 다루는 개념으로 원자핵이나 중간자들을 결합하고 상호작용하게 하는 힘이다. '강한 핵력', 또는 줄여서 '강력'이라고 일컬어지기도 한다. 자연계의 네 가지 기본 힘인 중력, 전자기력, 강력, 약력 중 하나이다.

63) 전자기 상호작용은 대전된 입자 사이의 기본 상호작용이다. 힘을 운반하는 입자는 광자이다. 네 개의 기본 상호작용 가운데 두 번째로 세며, 또한 장거리에 작용하는 두 개의 기본 상호작용 가운데 하나다.

64) 약한 상호작용은 물리학의 네 가지 기본상호작용 중 하나이다. 약한 상호작용은 흔히들 약력, 또는 약한 핵력이라고도 부른다. 분자 물리학의 표준 모형에서는 약한 상호작용은 W와 Z보손의 교환 때문에 일어난다. 약한 상호작용은 잘 알려진 베타 붕괴에서 찾아볼 수 있다.

합니다.

　우리는 참 재미있는 세상에 살고 있습니다.

그림 35 빛이 있으라(창세기 1장3절)

　우주가 어떤 의미를 갖고 있는지 유무에 상관없이, 우주는 과거, 현재 그리고 미래가 이미 설정되어 있다는 것이 많은 물리학자들의 의견입니다.

　'신은 없고 그저 우주는 스스로 존재하는 것이다.'라는 말도 여러 가지 물리학적인 증거, 그리고 증명을 통해 이해하고 판단하기도 하지만, 그 차원을 넘어 오히려 수많은 과학자들은 누군가에 의하여 설계되었다는 것은 더 중요한 주장입니다.

　과학자들이 이 부분에 대해 다양한 논의를 하고 주장할 때 일반인들인 우리들은 어떻게 이해하고 받아들여야 할지는 각자의 몫입니다.

다만 누군가 우주를 설계했다고 주장하는 과학자들의 주장을 좀 더 쉽게 표현하자면, 우주의 원자 수가 사람이 만든 바둑판 게임의 경우 수보다 비교할 수없이 적다면 사람은 설계 자에 의해 만들어진 이지적인 존재일 것입니다.

예를 들어 1.3 음원의 양자화 데이터 처리를 위한 샘플링에서 언급했던 것처럼 공학자들이 데이터를 양자화하는 것은 컴퓨터 시스템의 작업 부화가 많이 걸리는 것을 방지하기 위한 기법 중 하나입니다.

양자 역학에서 양자의 도약이나 플랑크 시간, 플랑크 길이, 빛의 속도와 각종 물리법칙들의 중요한 함수들은 정해져 있지 않고서는 설명하기 어렵습니다.

만일 우주가 우연히 이루어 생성되었다는 가정은 아무리 우리가 지적인 존재라고 해도 과학에서 존재하는 여러 가지 공식을 찾아낼 수 없어야 합니다.

열역학 제2법칙에서 이야기하는 것처럼 엔트로피[65]는 점점 더 무질서하게 진행되고 있다면 모든 과학의 법칙들은 존재해서는 안 되지만, 과학에서는 다양한 법칙과 질서가 존재합니다.

아주 오랜 시간 동안 무질서로 달려온 빅뱅은 절대로 그 시작을 시뮬레이션할 수 없으며, 영향을 주는 여러 요소들을 찾을 수 없어야 합니다.

만일 나비효과에서 아마존의 나비의 날갯짓에 의해 플로리다의 태풍이 시작되었다면 우리는 작은 원자 단위의 상호작용

---

65) 엔트로피는 열역학적 계의 유용하지 않은 에너지의 흐름을 설명할 때 이용되는 상태 함수다. 통계역학적으로, 주어진 거시적 상태에 대응하는 미시적 상태의 수의 로그로 생각할 수 있다. 엔트로피는 일반적으로 보존되지 않고, 열역학 제2법칙에 따라 시간에 따라 증가한다.

이 되는 모든 요소들을 포함해 계산을 정확하게 하고 결과를 예측할 수 있지만, 아직 현대의 과학으로는 불가능합니다.

하지만 불가능하다고 우주의 모든 물질들이 우연히 생겼다고 하기에는 우리가 가지고 있는 측정 장비들과 과학적인 한계는 불가능을 모두 설명할 수 없습니다.

그리고 우연에서 빅뱅에서 출발한 원자 단위의 미시 세계와 우주 전체의 거시 세계에 대한 계산과 시뮬레이션은 영원히 불가능할 것입니다.

만일 우주가 누군가에 의해 설계되었고 우주가 미시 세계인 양자의 시계와 플랑크의 시간, 플랑크의 길이 등에서 데이터를 처리하고 있다는 사실을 우리가 알고 있고 우주 시스템에 대한 정확한 수치와 처리 방식에 대해 이해하고 있다면 아마도 우리는 우주에서 가장 발전된 지적 생물체 일 수도 있다고 정의해 봅니다.

그것은 설계자가 시뮬레이션 안에 모든 존재들이 이 우주 시스템이 자연스러운 것이라는 사실을 인식하고 생활하게 하는 것을 고려해서 설계할 가능성이 높을 것입니다.

거시적인 세계에서 볼 때 많은 사람들은 우주에 무한히 펼쳐져 있는 별들과 위성들 중에 티끌 만한 지구의 어느 작은 도시에서 삶의 전쟁터에서 가족과 사랑하는 이들을 위해 애쓰는 미생물 같은 우리의 모습으로 보일 것입니다.

그렇지만 우주의 모든 존재들은 가장 미세한 양자, 플랑크 시간과 거리 및 우주 전체와 긴밀하게 공유되어 있다고 양자역학에서 양자의 얽힘으로 증명하고 있습니다.

지적인 고등 생명체인 사람의 경우 전체 우주와 양자적인 얽혀 있음을 희미하게나마 이해할 수 있으며, 우리는 매우 소

중한 유전자의 존재란 사실을 공유해 봅니다.

그리고 50%의 확률로 신이 있다면 우리는 우주를 창조한 신과 긴밀하게 연결된 가장 중요한 가치임을 확인해 봅니다.

[초록우물 소개]

Green Well Foundation 초록우물(법인)은
소외된 곳에 친구가 되어주고,
그늘진 곳에 빛이 되어주고,
연약한 곳에 힘이 되어주려는 목적으로
설립된 이웃사랑 비영리단체입니다.

함께 사랑을 나누고
함께 이웃을 세워가기 위해서
물질로 은사로 사역으로
동역해 주실 분은
아래 메일로 연락주시거나
후원에 참여해 주시면 감사하겠습니다

(한국) 국민은행 : 657801-01-585866
        예금주 : Sean Hee Kim
(미국) 은행이름 : open bank
        라우팅번호 : 122043958
        계좌번호 : 06212542
        예금주 : Green Well Foundation

미국 TEL : 213 700 2800
한국 TEL : 050-8366-2442
이 메 일 : gwf700@gmail.com